Table of Contents

Sections:	Unit:
Adding Digits 0-5	1 - 8
Adding Digits 0-7	9 - 16
Adding Digits 0-10	17 - 40
Subtracting Digits 0-10	41 - 48
Subtracting Digits 10-20	49 - 60
Subtracting Digits 0-20	61 - 80
Adding and Subtracting	81 - 100
Answer Key	101 - 105

Adding Digits 0-5

Name _____   Score /20

Addition (01)

```
   3          1          4          0
+  1       +  1       +  2       +  5
 ___        ___        ___        ___
 ===        ===        ===        ===


   0          1          1          4
+  0       +  5       +  0       +  1
 ___        ___        ___        ___
 ===        ===        ===        ===


   4          1          0          5
+  4       +  2       +  1       +  1
 ___        ___        ___        ___
 ===        ===        ===        ===


   3          2          0          1
+  2       +  2       +  3       +  0
 ___        ___        ___        ___
 ===        ===        ===        ===


   2          2          4          1
+  5       +  5       +  2       +  3
 ___        ___        ___        ___
 ===        ===        ===        ===
```

Name _____ Score /20

Addition (02)

```
   0          4          3          0
+  1       +  3       +  2       +  1
_____    _____    _____    _____


   5          4          2          2
+  2       +  4       +  1       +  4
_____    _____    _____    _____


   1          0          0          0
+  5       +  0       +  2       +  0
_____    _____    _____    _____


   3          3          0          5
+  2       +  5       +  4       +  2
_____    _____    _____    _____


   4          4          4          4
+  0       +  4       +  5       +  1
_____    _____    _____    _____
```

Name _____ Score /20

Addition (03)

```
   0          2          3          2
+  5       +  1       +  3       +  5
_____     _____     _____     _____


   2          2          0          0
+  4       +  2       +  3       +  2
_____     _____     _____     _____


   4          0          5          3
+  1       +  2       +  2       +  3
_____     _____     _____     _____


   0          0          4          0
+  1       +  4       +  0       +  3
_____     _____     _____     _____


   4          3          2          0
+  2       +  5       +  3       +  3
_____     _____     _____     _____
```

Name _____   Score /20

Addition (04)

```
   5          1          5          4
+  2       +  3       +  4       +  2
_____     _____     _____     _____


   0          2          2          4
+  3       +  3       +  2       +  2
_____     _____     _____     _____


   2          3          0          1
+  3       +  2       +  1       +  0
_____     _____     _____     _____


   5          0          3          3
+  1       +  4       +  3       +  3
_____     _____     _____     _____


   4          3          3          1
+  1       +  5       +  5       +  5
_____     _____     _____     _____
```

Name _____   Score /20

Addition (05)

```
   0          3          0          2
+  4       +  1       +  1       +  3
_____     _____     _____     _____


   2          3          5          1
+  2       +  1       +  4       +  2
_____     _____     _____     _____


   0          2          1          4
+  4       +  0       +  3       +  5
_____     _____     _____     _____


   2          0          1          0
+  5       +  0       +  5       +  3
_____     _____     _____     _____


   5          3          0          4
+  1       +  3       +  0       +  0
_____     _____     _____     _____
```

Name _____   Score /20

Addition (06)

```
    0          4          5          3
+   1       +  4       +  3       +  3
_____       _____      _____      _____


    0          3          1          2
+   4       +  1       +  3       +  4
_____       _____      _____      _____


    4          0          4          2
+   5       +  5       +  1       +  5
_____       _____      _____      _____


    2          0          3          4
+   2       +  5       +  1       +  1
_____       _____      _____      _____


    5          1          4          4
+   4       +  0       +  1       +  0
_____       _____      _____      _____
```

Name _____ Score /20

Addition (07)

```
   0          4          4          3
+  5       +  0       +  0       +  3
 ___        ___        ___        ___


   4          1          0          5
+  4       +  4       +  3       +  0
 ___        ___        ___        ___


   0          2          3          1
+  2       +  2       +  5       +  4
 ___        ___        ___        ___


   2          3          3          3
+  2       +  3       +  1       +  5
 ___        ___        ___        ___


   3          3          2          5
+  3       +  5       +  2       +  4
 ___        ___        ___        ___
```

Name _____ Score /20

Addition (08)

```
   4          1          1          1
+  4       +  0       +  1       +  1
_____     _____     _____     _____


   2          4          4          0
+  3       +  0       +  3       +  3
_____     _____     _____     _____


   0          3          5          0
+  3       +  4       +  4       +  2
_____     _____     _____     _____


   0          5          4          4
+  4       +  2       +  1       +  3
_____     _____     _____     _____


   5          0          5          2
+  0       +  3       +  2       +  2
_____     _____     _____     _____
```

Adding Digits 0-7

Name _____ Score /20

Addition (09)

$$1 + 6 =$$

$$5 + 7 =$$

$$2 + 3 =$$

$$7 + 0 =$$

$$0 + 1 =$$

$$0 + 7 =$$

$$5 + 4 =$$

$$1 + 2 =$$

$$2 + 2 =$$

$$6 + 4 =$$

$$3 + 3 =$$

$$5 + 6 =$$

$$4 + 1 =$$

$$0 + 4 =$$

$$1 + 2 =$$

$$1 + 4 =$$

$$1 + 0 =$$

$$4 + 4 =$$

$$6 + 5 =$$

$$6 + 7 =$$

Name _____   Score /20

Addition (10)

$$6 + 5 =$$ $$2 + 3 =$$ $$2 + 4 =$$ $$7 + 1 =$$

$$1 + 6 =$$ $$7 + 3 =$$ $$1 + 5 =$$ $$7 + 2 =$$

$$0 + 5 =$$ $$6 + 4 =$$ $$4 + 4 =$$ $$4 + 3 =$$

$$2 + 5 =$$ $$0 + 3 =$$ $$4 + 0 =$$ $$2 + 2 =$$

$$0 + 2 =$$ $$6 + 2 =$$ $$6 + 7 =$$ $$2 + 2 =$$

Name _____ Score /20

Addition (11)

$$6 + 5 =$$ $$3 + 6 =$$ $$1 + 4 =$$ $$7 + 0 =$$

$$1 + 5 =$$ $$1 + 7 =$$ $$0 + 2 =$$ $$3 + 5 =$$

$$1 + 1 =$$ $$0 + 0 =$$ $$5 + 2 =$$ $$2 + 4 =$$

$$2 + 1 =$$ $$5 + 3 =$$ $$5 + 1 =$$ $$0 + 6 =$$

$$6 + 1 =$$ $$3 + 2 =$$ $$2 + 2 =$$ $$6 + 5 =$$

Name _____

Score /20

Addition (12)

1 + 4	2 + 7	5 + 3	6 + 2
3 + 3	4 + 5	3 + 4	3 + 2
6 + 7	4 + 4	4 + 2	5 + 4
6 + 6	1 + 0	5 + 7	5 + 3
4 + 2	0 + 2	7 + 6	4 + 6

Name _____   Score /20

Addition (13)

```
   4          6          0          3
+  4       +  3       +  1       +  3
_____      _____      _____      _____


   0          0          0          4
+  7       +  5       +  0       +  4
_____      _____      _____      _____


   6          0          4          3
+  1       +  7       +  0       +  4
_____      _____      _____      _____


   5          3          7          0
+  5       +  1       +  2       +  1
_____      _____      _____      _____


   7          4          4          2
+  0       +  3       +  3       +  7
_____      _____      _____      _____
```

Name _____   Score /20

Addition (14)

| 1 | 1 | 2 | 0 |
|+ 3|+ 5|+ 0|+ 5|

| 2 | 5 | 7 | 2 |
|+ 4|+ 0|+ 3|+ 4|

| 7 | 6 | 4 | 6 |
|+ 5|+ 7|+ 6|+ 6|

| 5 | 3 | 2 | 0 |
|+ 7|+ 2|+ 1|+ 0|

| 6 | 2 | 6 | 5 |
|+ 0|+ 0|+ 0|+ 5|

Name _____   Score /20

Addition (15)

```
    4          3          1          7
+   5      +   5      +   6      +   1
 ____       ____       ____       ____
 ════       ════       ════       ════


    6          3          5          3
+   2      +   3      +   2      +   6
 ____       ____       ____       ____
 ════       ════       ════       ════


    5          5          0          6
+   3      +   5      +   6      +   6
 ____       ____       ____       ____
 ════       ════       ════       ════


    6          4          4          3
+   2      +   7      +   4      +   1
 ____       ____       ____       ____
 ════       ════       ════       ════


    6          3          7          6
+   3      +   7      +   1      +   4
 ____       ____       ____       ____
 ════       ════       ════       ════
```

Name _____   Score /20

Addition (16)

```
   0          1          2          4
+  5       +  3       +  1       +  5
_____    _____    _____    _____


   0          3          4          7
+  6       +  1       +  5       +  6
_____    _____    _____    _____


   0          4          7          6
+  0       +  1       +  4       +  4
_____    _____    _____    _____


   6          2          7          7
+  7       +  0       +  4       +  4
_____    _____    _____    _____


   7          6          5          7
+  0       +  1       +  1       +  3
_____    _____    _____    _____
```

Adding Digits 0-10

Name _____ Score /20

Addition (17)

```
   3          7         10          7
+  5       +  9       +  7       +  0
_____    _____    _____     _____


   5          6          6          1
+  4       +  2       +  0       +  7
_____    _____    _____     _____


   3          2          6          3
+  3       + 10       +  5       +  9
_____    _____    _____     _____


   5          0          0          5
+  2       +  2       +  4       +  6
_____    _____    _____     _____


   9          2          3          5
+  4       +  5       +  1       +  9
_____    _____    _____     _____
```

Name _____

Score /20

Addition (18)

```
    0          3          2          6
+   0      +   6      +   2      +   2
━━━━━      ━━━━━      ━━━━━      ━━━━━


    5          0          8          0
+   9      +  10      +   5      +   0
━━━━━      ━━━━━      ━━━━━      ━━━━━


    9          8          2          1
+   4      +   2      +  10      +   9
━━━━━      ━━━━━      ━━━━━      ━━━━━


    7          4          6          1
+   0      +   7      +   9      +   4
━━━━━      ━━━━━      ━━━━━      ━━━━━


    2          9          6          6
+   5      +   1      +   3      +   9
━━━━━      ━━━━━      ━━━━━      ━━━━━
```

Name _____   Score /20

Addition (19)

```
    2          10           3           8
+   4       +   2       +  10       +   5
_____       _____       _____       _____


    7           9           6           2
+  10       +   3       +   5       +   0
_____       _____       _____       _____


    1           1           7           5
+   7       +   1       +   4       +   5
_____       _____       _____       _____


    5           9           4           8
+   0       +   0       +   5       +   8
_____       _____       _____       _____


    9           8          10          10
+  10       +   3       +   4       +   7
_____       _____       _____       _____
```

Name _____   Score /20

Addition (20)

```
   9          8          0          8
+  6       +  5       +  2       +  8
____       ____       ____       ____


   2          1          5          7
+  1       +  8       + 10       +  5
____       ____       ____       ____


   7          7          7          7
+  7       +  8       +  5       +  5
____       ____       ____       ____


   2          3          1          2
+  7       +  4       + 10       +  1
____       ____       ____       ____


   8          0          1         10
+  3       +  6       +  4       +  0
____       ____       ____       ____
```

Name _____   Score /20

Addition (21)

$\begin{array}{r} 2 \\ +8 \\ \hline \end{array}$ $\begin{array}{r} 5 \\ +0 \\ \hline \end{array}$ $\begin{array}{r} 2 \\ +10 \\ \hline \end{array}$ $\begin{array}{r} 10 \\ +4 \\ \hline \end{array}$

$\begin{array}{r} 5 \\ +7 \\ \hline \end{array}$ $\begin{array}{r} 7 \\ +9 \\ \hline \end{array}$ $\begin{array}{r} 8 \\ +7 \\ \hline \end{array}$ $\begin{array}{r} 10 \\ +2 \\ \hline \end{array}$

$\begin{array}{r} 7 \\ +0 \\ \hline \end{array}$ $\begin{array}{r} 10 \\ +5 \\ \hline \end{array}$ $\begin{array}{r} 6 \\ +8 \\ \hline \end{array}$ $\begin{array}{r} 0 \\ +6 \\ \hline \end{array}$

$\begin{array}{r} 1 \\ +0 \\ \hline \end{array}$ $\begin{array}{r} 1 \\ +4 \\ \hline \end{array}$ $\begin{array}{r} 6 \\ +6 \\ \hline \end{array}$ $\begin{array}{r} 8 \\ +5 \\ \hline \end{array}$

$\begin{array}{r} 8 \\ +1 \\ \hline \end{array}$ $\begin{array}{r} 8 \\ +0 \\ \hline \end{array}$ $\begin{array}{r} 5 \\ +10 \\ \hline \end{array}$ $\begin{array}{r} 7 \\ +4 \\ \hline \end{array}$

Name _____ Score /20

Addition (22)

```
   6        10         1         4
+  5      +  6      +  0      + 10
_____    _____    _____    _____


   8        10         1         8
+  5      +  1      +  7      +  3
_____    _____    _____    _____


   9         8         9        10
+  0      +  1      +  0      +  6
_____    _____    _____    _____


   4         6         6         3
+  2      +  4      +  3      +  2
_____    _____    _____    _____


   4         6         1         9
+  8      +  7      +  8      +  0
_____    _____    _____    _____
```

Name _____   Score /20

Addition (23)

4 + 7	2 + 5	4 + 3	10 + 2
3 + 3	2 + 0	2 + 5	0 + 4
8 + 6	3 + 5	9 + 0	0 + 1
9 + 1	10 + 1	0 + 5	0 + 1
4 + 6	1 + 8	8 + 0	2 + 0

Name _____ Score /20

Addition (24)

```
   0          0          6          2
+  4       + 10       +  6       +  0
_____      _____      _____      _____


   2          7          9          0
+  4       +  5       +  0       +  2
_____      _____      _____      _____


   2          1          8          4
+  0       + 10       +  7       +  2
_____      _____      _____      _____


   9          7          8          8
+  5       +  6       +  2       +  5
_____      _____      _____      _____


   4          3          4          7
+  4       +  3       +  9       +  2
_____      _____      _____      _____
```

Name _____   Score /20

Addition (25)

```
    3              1             10              9
+  10          +   7         +   10          +   7
_____          _____         _____          _____


    6              4              7             10
+   3          +   4          +   4          +   7
_____          _____          _____          _____


    9              7              4              1
+   2          +   1          +   7          +   6
_____          _____          _____          _____


    4              1              1              1
+   8          +   2          +   9          +   5
_____          _____          _____          _____


    6              4              2              7
+   0          +   0          +   6          +  10
_____          _____          _____          _____
```

Name _____ Score /20

Addition (26)

```
    7          2          1          4
+   1      +   9      +   2      +   0
_____    _____    _____    _____
═══════    ═══════    ═══════    ═══════


    0         10          3          2
+   7      +   4      +   7      +   8
_____    _____    _____    _____
═══════    ═══════    ═══════    ═══════


    4          7          8          1
+  10      +   3      +   8      +  10
_____    _____    _____    _____
═══════    ═══════    ═══════    ═══════


    9          7          0          8
+  10      +   7      +   0      +   8
_____    _____    _____    _____
═══════    ═══════    ═══════    ═══════


    6         10          7          1
+  10      +   4      +   7      +   3
_____    _____    _____    _____
═══════    ═══════    ═══════    ═══════
```

Name _____ Score /20

Addition (27)

$4 + 3 =$ $\quad$ $1 + 10 =$ $\quad$ $10 + 5 =$ $\quad$ $6 + 4 =$

$3 + 8 =$ $\quad$ $6 + 1 =$ $\quad$ $4 + 1 =$ $\quad$ $1 + 1 =$

$6 + 0 =$ $\quad$ $3 + 10 =$ $\quad$ $1 + 5 =$ $\quad$ $7 + 6 =$

$4 + 4 =$ $\quad$ $10 + 1 =$ $\quad$ $10 + 0 =$ $\quad$ $9 + 1 =$

$2 + 2 =$ $\quad$ $2 + 6 =$ $\quad$ $6 + 10 =$ $\quad$ $4 + 6 =$

Name _____ Score /20

Addition (28)

$3 + 1 =$ $3 + 4 =$ $2 + 10 =$ $5 + 1 =$

$1 + 10 =$ $6 + 8 =$ $7 + 0 =$ $2 + 3 =$

$10 + 8 =$ $8 + 10 =$ $0 + 4 =$ $5 + 8 =$

$1 + 2 =$ $6 + 9 =$ $10 + 7 =$ $4 + 5 =$

$3 + 3 =$ $6 + 6 =$ $10 + 6 =$ $8 + 2 =$

Name _____ Score /20

Addition (29)

5 + 0 =	7 + 10 =	4 + 10 =	8 + 3 =
2 + 10 =	1 + 5 =	10 + 1 =	9 + 0 =
2 + 8 =	4 + 9 =	10 + 2 =	5 + 4 =
9 + 8 =	0 + 4 =	10 + 0 =	1 + 1 =
4 + 3 =	8 + 0 =	4 + 5 =	3 + 10 =

Name _____   Score /20

Addition (30)

```
   6        2        9        9
+  2     +  3     +  8     +  2
_____   _____   _____   _____


   2        4        1        8
+  4     +  8     +  0     +  5
_____   _____   _____   _____


   7        0        2        9
+  3     + 10     +  8     +  9
_____   _____   _____   _____


   2        5        3        0
+  4     +  2     +  4     +  6
_____   _____   _____   _____


   6        3        3        1
+  7     +  8     +  7     +  0
_____   _____   _____   _____
```

Name _____   Score /20

Addition (31)

```
   3          9          7          5
+  8       +  6       +  2       +  1
_____      _____      _____      _____


   7          9          7          9
+  0       +  1       +  5       + 10
_____      _____      _____      _____


   3          9          3          4
+ 10       +  7       +  2       +  3
_____      _____      _____      _____


   7          9          7          5
+  9       +  0       +  7       +  3
_____      _____      _____      _____


   5          8          2         10
+  5       +  6       +  4       +  1
_____      _____      _____      _____
```

Name _____ Score /20

Addition (32)

```
    5          4          6          8
+   5      +   4      +   9      +   8
_____      _____      _____      _____


    6          0          8         10
+   4      +   3      +  10      +   1
_____      _____      _____      _____


    5          8          4          4
+   8      +   0      +   1      +   1
_____      _____      _____      _____


    9          9          5          7
+   0      +   9      +   0      +   3
_____      _____      _____      _____


    9          3          4          5
+   3      +   4      +   6      +   6
_____      _____      _____      _____
```

Name _____ Score /20

Addition (33)

```
    8          2          7          3
+   8       +  9       +  1       +  4
_____    _____    _____    _____


    5          3          4          3
+  10       +  8       +  6       +  4
_____    _____    _____    _____


    8          5          9          5
+   0       +  5       +  7       +  1
_____    _____    _____    _____


    5          3          9          1
+   6       +  7       +  7       +  6
_____    _____    _____    _____


   10          0          0          5
+   4       +  3       +  4       +  8
_____    _____    _____    _____
```

Name _____   Score /20

Addition (34)

```
    0          5          4          1
+   0      +   4      +   5      +   0
_____   _____   _____   _____


    9          8          3         10
+   8      +   8      +   6      +   4
_____   _____   _____   _____


    5         10          0          2
+   3      +   4      +   5      +   4
_____   _____   _____   _____


    4          2          7          1
+   1      +   1      +   5      +   9
_____   _____   _____   _____


    8          7          7          6
+   6      +   0      +   9      +   2
_____   _____   _____   _____
```

Name _____ Score /20

Addition (35)

```
   9         7         5         1
+  0      +  6      +  0      +  1
_____    _____    _____    _____


   2         5         2         4
+  7      +  1      +  0      +  6
_____    _____    _____    _____


   5         8         3         7
+  7      +  6      +  4      +  6
_____    _____    _____    _____


   6         5         8         0
+  2      +  3      +  9      +  2
_____    _____    _____    _____


   7         1         1        10
+  7      +  5      +  1      +  0
_____    _____    _____    _____
```

Name _____   Score /20

Addition (36)

$\begin{array}{r}2\\+\ 6\\\hline\end{array}$
$\begin{array}{r}9\\+\ 3\\\hline\end{array}$
$\begin{array}{r}2\\+\ 3\\\hline\end{array}$
$\begin{array}{r}10\\+\ 0\\\hline\end{array}$

$\begin{array}{r}5\\+\ 1\\\hline\end{array}$
$\begin{array}{r}7\\+\ 6\\\hline\end{array}$
$\begin{array}{r}1\\+\ 8\\\hline\end{array}$
$\begin{array}{r}6\\+\ 5\\\hline\end{array}$

$\begin{array}{r}9\\+\ 7\\\hline\end{array}$
$\begin{array}{r}9\\+\ 6\\\hline\end{array}$
$\begin{array}{r}1\\+\ 2\\\hline\end{array}$
$\begin{array}{r}5\\+\ 9\\\hline\end{array}$

$\begin{array}{r}0\\+\ 2\\\hline\end{array}$
$\begin{array}{r}10\\+\ 1\\\hline\end{array}$
$\begin{array}{r}8\\+\ 2\\\hline\end{array}$
$\begin{array}{r}2\\+\ 2\\\hline\end{array}$

$\begin{array}{r}9\\+\ 4\\\hline\end{array}$
$\begin{array}{r}1\\+\ 0\\\hline\end{array}$
$\begin{array}{r}0\\+\ 1\\\hline\end{array}$
$\begin{array}{r}8\\+\ 6\\\hline\end{array}$

Name _____ Score /20

Addition (37)

```
   3          10           3           9
+  9        +  7        +  8        +  4
____        ____        ____        ____


  10           2           6           4
+  2        +  5        + 10        +  7
____        ____        ____        ____


   7           1           9           8
+ 10        +  7        +  2        + 10
____        ____        ____        ____


   4           5           6           8
+  8        +  0        +  4        +  7
____        ____        ____        ____


   7           1           7           5
+  6        +  3        +  0        +  1
____        ____        ____        ____
```

Name _____   Score /20

Addition (38)

7	6	4	8
+ 1	+ 0	+ 7	+ 1

1	7	10	0
+ 1	+ 8	+ 3	+ 1

9	6	0	8
+ 0	+ 7	+ 0	+ 2

2	5	2	2
+ 2	+ 8	+ 4	+ 1

5	5	10	4
+ 7	+ 4	+ 0	+ 8

Name _____ Score /20

Addition (39)

```
    5          9          3         10
+   0       +  1       +  6      +   4
 ─────       ─────      ─────      ─────
 ═════       ═════      ═════      ═════


    2          6          8          0
+   3       +  1       +  6      +   7
 ─────       ─────      ─────      ─────
 ═════       ═════      ═════      ═════


    6          7         10          7
+   6       +  2       +  6      +   5
 ─────       ─────      ─────      ─────
 ═════       ═════      ═════      ═════


    5          4         10          2
+   1       + 10       +  7      +   9
 ─────       ─────      ─────      ─────
 ═════       ═════      ═════      ═════


   10          8          8          2
+   7       +  8       +  8      +   9
 ─────       ─────      ─────      ─────
 ═════       ═════      ═════      ═════
```

Name _____   Score /20

Addition (40)

| 2 + 6 = | 3 + 8 = | 1 + 3 = | 0 + 5 = |

| 1 + 9 = | 9 + 3 = | 10 + 7 = | 10 + 8 = |

| 0 + 10 = | 0 + 7 = | 4 + 8 = | 1 + 1 = |

| 6 + 4 = | 4 + 10 = | 7 + 1 = | 10 + 1 = |

| 8 + 5 = | 3 + 1 = | 0 + 0 = | 3 + 7 = |

Subtracting Digits 0-10

Name _____   Score /20

Subtraction (41)

  7   5   5   9
- 0   - 5   - 2   - 4
___   ___   ___   ___

  8   9   5   5
- 5   - 1   - 4   - 0
___   ___   ___   ___

  8   7   9   7
- 0   - 1   - 2   - 2
___   ___   ___   ___

  5   5   10   7
- 1   - 5   - 1   - 1
___   ___   ___   ___

  9   9   7   7
- 3   - 5   - 1   - 1
___   ___   ___   ___

Name _____   Score /20

Subtraction (42)

10	6	5	8
− 2	− 3	− 4	− 4

8	8	5	7
− 0	− 4	− 4	− 3

10	6	10	10
− 1	− 4	− 1	− 3

5	5	6	9
− 1	− 0	− 0	− 5

10	7	6	7
− 0	− 0	− 3	− 5

Name _____   Score /20

Subtraction (43)

10	7	7	8
- 0	- 5	- 0	- 4

10	5	9	5
- 4	- 4	- 1	- 1

6	10	8	9
- 2	- 3	- 4	- 0

7	5	5	9
- 1	- 1	- 3	- 0

6	5	9	7
- 4	- 2	- 5	- 5

Name _____   Score /20

Subtraction (44)

7	8	10	9
− 0	− 2	− 2	− 3

8	8	7	8
− 2	− 4	− 4	− 5

10	6	5	9
− 4	− 5	− 3	− 3

7	6	6	7
− 5	− 2	− 5	− 5

10	10	8	6
− 0	− 4	− 2	− 0

Name _____ Score /20

Subtraction (45)

7 − 4	10 − 3	7 − 4	7 − 1
7 − 1	5 − 2	8 − 4	6 − 1
9 − 0	9 − 1	10 − 3	7 − 5
5 − 0	8 − 3	7 − 4	5 − 1
8 − 5	8 − 0	7 − 3	6 − 4

Name _____ Score /20

Subtraction (46)

8	8	5	10
− 2	− 5	− 4	− 2

5	8	6	6
− 1	− 2	− 2	− 4

10	8	7	8
− 4	− 2	− 4	− 2

10	10	6	8
− 0	− 5	− 4	− 3

6	10	6	8
− 5	− 0	− 3	− 5

Name _____ Score /20

Subtraction (47)

$$5 - 0 =$$

$$7 - 0 =$$

$$10 - 3 =$$

$$8 - 2 =$$

$$8 - 3 =$$

$$7 - 2 =$$

$$8 - 3 =$$

$$9 - 5 =$$

$$9 - 5 =$$

$$6 - 1 =$$

$$7 - 1 =$$

$$7 - 4 =$$

$$9 - 1 =$$

$$5 - 4 =$$

$$9 - 5 =$$

$$7 - 5 =$$

$$7 - 4 =$$

$$5 - 4 =$$

$$6 - 0 =$$

$$9 - 5 =$$

Name _____ Score /20

Subtraction (48)

$$\begin{array}{r} 5 \\ -3 \\ \hline \end{array}$$
$$\begin{array}{r} 7 \\ -1 \\ \hline \end{array}$$
$$\begin{array}{r} 9 \\ -5 \\ \hline \end{array}$$
$$\begin{array}{r} 5 \\ -0 \\ \hline \end{array}$$

$$\begin{array}{r} 6 \\ -1 \\ \hline \end{array}$$
$$\begin{array}{r} 7 \\ -5 \\ \hline \end{array}$$
$$\begin{array}{r} 9 \\ -1 \\ \hline \end{array}$$
$$\begin{array}{r} 9 \\ -5 \\ \hline \end{array}$$

$$\begin{array}{r} 8 \\ -5 \\ \hline \end{array}$$
$$\begin{array}{r} 9 \\ -4 \\ \hline \end{array}$$
$$\begin{array}{r} 10 \\ -3 \\ \hline \end{array}$$
$$\begin{array}{r} 7 \\ -5 \\ \hline \end{array}$$

$$\begin{array}{r} 9 \\ -2 \\ \hline \end{array}$$
$$\begin{array}{r} 9 \\ -3 \\ \hline \end{array}$$
$$\begin{array}{r} 8 \\ -3 \\ \hline \end{array}$$
$$\begin{array}{r} 5 \\ -2 \\ \hline \end{array}$$

$$\begin{array}{r} 9 \\ -3 \\ \hline \end{array}$$
$$\begin{array}{r} 6 \\ -3 \\ \hline \end{array}$$
$$\begin{array}{r} 10 \\ -3 \\ \hline \end{array}$$
$$\begin{array}{r} 9 \\ -0 \\ \hline \end{array}$$

Subtracting Digits 10-20

Name _____ Score /20

Subtraction (49)

```
   18         17         16         19
-  13      -  13      -  11      -  15
 _____      _____      _____      _____


   18         15         15         16
-  15      -  14      -  15      -  11
 _____      _____      _____      _____


   20         19         19         18
-  12      -  14      -  12      -  12
 _____      _____      _____      _____


   15         17         20         20
-  10      -  14      -  10      -  15
 _____      _____      _____      _____


   15         20         15         18
-  10      -  11      -  13      -  15
 _____      _____      _____      _____
```

Name _____ Score /20

Subtraction (50)

19 − 13 =	20 − 10 =	20 − 10 =	15 − 14 =
15 − 15 =	18 − 10 =	17 − 14 =	18 − 12 =
15 − 13 =	17 − 10 =	18 − 11 =	20 − 13 =
19 − 13 =	15 − 14 =	18 − 14 =	18 − 12 =
18 − 10 =	20 − 10 =	17 − 13 =	17 − 12 =

Name _____ Score /20

Subtraction (51)

```
   20         18         18         18
-  15      -  10      -  10      -  12
 ─────      ─────      ─────      ─────
 ═════      ═════      ═════      ═════


   16         16         17         17
-  11      -  15      -  15      -  15
 ─────      ─────      ─────      ─────
 ═════      ═════      ═════      ═════


   17         17         20         20
-  12      -  14      -  15      -  15
 ─────      ─────      ─────      ─────
 ═════      ═════      ═════      ═════


   16         15         18         17
-  14      -  11      -  11      -  12
 ─────      ─────      ─────      ─────
 ═════      ═════      ═════      ═════


   19         19         20         19
-  14      -  10      -  13      -  10
 ─────      ─────      ─────      ─────
 ═════      ═════      ═════      ═════
```

Name _____   Score /20

Subtraction (52)

19 - 10 =	20 - 15 =	19 - 13 =	18 - 14 =
15 - 10 =	18 - 14 =	20 - 15 =	20 - 12 =
18 - 12 =	16 - 11 =	18 - 14 =	18 - 10 =
17 - 15 =	18 - 13 =	20 - 10 =	20 - 14 =
15 - 14 =	15 - 10 =	16 - 15 =	16 - 10 =

Name _____ Score /20

Subtraction (53)

15 − 13	18 − 15	17 − 13	17 − 15
19 − 14	16 − 10	17 − 12	15 − 11
20 − 15	18 − 12	18 − 15	18 − 12
17 − 11	20 − 14	15 − 14	20 − 14
15 − 10	20 − 10	20 − 10	16 − 13

Name _____ Score /20

Subtraction (54)

```
   15         20         18         15
-  14       - 15       - 15       - 14
  ____       ____       ____       ____


   16         20         15         16
-  11       - 14       - 13       - 12
  ____       ____       ____       ____


   20         16         20         20
-  11       - 10       - 11       - 12
  ____       ____       ____       ____


   16         18         18         18
-  15       - 11       - 14       - 15
  ____       ____       ____       ____


   16         17         16         15
-  12       - 12       - 11       - 14
  ____       ____       ____       ____
```

Name _____   Score /20

Subtraction (55)

$$\begin{array}{r}18\\-15\\\hline\hline\end{array}\qquad\begin{array}{r}17\\-13\\\hline\hline\end{array}\qquad\begin{array}{r}20\\-13\\\hline\hline\end{array}\qquad\begin{array}{r}16\\-14\\\hline\hline\end{array}$$

$$\begin{array}{r}18\\-11\\\hline\hline\end{array}\qquad\begin{array}{r}20\\-12\\\hline\hline\end{array}\qquad\begin{array}{r}16\\-11\\\hline\hline\end{array}\qquad\begin{array}{r}17\\-15\\\hline\hline\end{array}$$

$$\begin{array}{r}15\\-13\\\hline\hline\end{array}\qquad\begin{array}{r}15\\-14\\\hline\hline\end{array}\qquad\begin{array}{r}17\\-10\\\hline\hline\end{array}\qquad\begin{array}{r}17\\-11\\\hline\hline\end{array}$$

$$\begin{array}{r}15\\-15\\\hline\hline\end{array}\qquad\begin{array}{r}15\\-13\\\hline\hline\end{array}\qquad\begin{array}{r}16\\-15\\\hline\hline\end{array}\qquad\begin{array}{r}20\\-14\\\hline\hline\end{array}$$

$$\begin{array}{r}15\\-11\\\hline\hline\end{array}\qquad\begin{array}{r}18\\-13\\\hline\hline\end{array}\qquad\begin{array}{r}18\\-10\\\hline\hline\end{array}\qquad\begin{array}{r}19\\-15\\\hline\hline\end{array}$$

Name _____

Score /20

Subtraction (56)

```
   16        20        16        17
-  12      - 11      - 10      - 11
  ____      ____      ____      ____


   18        16        20        19
-  12      - 14      - 14      - 13
  ____      ____      ____      ____


   18        20        19        15
-  13      - 13      - 11      - 11
  ____      ____      ____      ____


   18        20        20        16
-  14      - 11      - 15      - 11
  ____      ____      ____      ____


   20        17        19        19
-  14      - 12      - 13      - 10
  ____      ____      ____      ____
```

Name _____   Score /20

Subtraction (57)

| 19 | 20 | 20 | 17 |
| - 13 | - 15 | - 10 | - 10 |

| 19 | 15 | 19 | 19 |
| - 11 | - 11 | - 12 | - 13 |

| 16 | 18 | 18 | 15 |
| - 14 | - 13 | - 10 | - 15 |

| 19 | 18 | 15 | 19 |
| - 15 | - 12 | - 14 | - 11 |

| 18 | 16 | 18 | 15 |
| - 13 | - 15 | - 11 | - 12 |

Name _____ Score /20

Subtraction (58)

17 − 10	17 − 11	16 − 13	17 − 13
19 − 11	16 − 12	16 − 11	16 − 10
20 − 12	18 − 13	16 − 10	17 − 14
16 − 12	17 − 14	19 − 10	20 − 11
15 − 13	16 − 14	16 − 13	18 − 14

Name _____   Score /20

Subtraction (59)

```
   18        20        20        17
-  14      - 11      - 11      - 11
  ____      ____      ____      ____


   16        17        19        20
-  12      - 13      - 11      - 14
  ____      ____      ____      ____


   16        19        18        15
-  11      - 12      - 15      - 12
  ____      ____      ____      ____


   19        15        17        20
-  12      - 12      - 10      - 13
  ____      ____      ____      ____


   20        20        17        19
-  15      - 12      - 13      - 12
  ____      ____      ____      ____
```

Name _____   Score /20

Subtraction (60)

19	19	16	16
− 14	− 12	− 10	− 10

19	17	16	17
− 15	− 12	− 10	− 15

19	16	17	18
− 12	− 10	− 11	− 15

20	20	16	17
− 15	− 11	− 14	− 11

15	18	17	20
− 11	− 10	− 10	− 11

Subtracting Digits 0-20

Name _____   Score /20

Subtraction (61)

18 − 1	11 − 0	10 − 2	14 − 6
16 − 5	20 − 2	20 − 3	14 − 7
14 − 10	19 − 7	12 − 3	13 − 6
16 − 10	11 − 0	18 − 5	14 − 9
15 − 3	14 − 0	13 − 10	13 − 2

Name _____   Score /20

Subtraction (62)

```
  14         11         11         20
-  9       -  9       -  6       - 10
____       ____       ____       ____


  15         19         13         15
-  4       -  9       -  2       -  8
____       ____       ____       ____


  19         16         10         17
-  1       -  4       -  4       - 10
____       ____       ____       ____


  10         19         17         13
-  8       -  2       -  3       -  8
____       ____       ____       ____


  13         18         11         20
-  1       -  6       -  2       -  5
____       ____       ____       ____
```

Name _____ Score /20

Subtraction (63)

```
  12        16        11        13
-  8      -  4      -  9      - 10
____      ____      ____      ____


  18        16        10        15
- 10      - 10      -  1      -  3
____      ____      ____      ____


  19        18        15        20
-  6      -  2      -  3      -  0
____      ____      ____      ____


  20        14        14        19
-  0      -  2      - 10      -  9
____      ____      ____      ____


  17        18        19        10
-  7      -  2      -  0      -  4
____      ____      ____      ____
```

Name _____   Score /20

Subtraction (64)

| 14 − 8 | 19 − 8 | 14 − 5 | 10 − 5 |

| 13 − 4 | 15 − 5 | 15 − 7 | 16 − 2 |

| 16 − 4 | 10 − 8 | 16 − 3 | 19 − 6 |

| 13 − 5 | 20 − 8 | 17 − 9 | 16 − 0 |

| 13 − 2 | 14 − 8 | 16 − 6 | 15 − 3 |

Name _____   Score /20

Subtraction (65)

19 − 9	13 − 10	10 − 6	10 − 5
12 − 1	20 − 6	12 − 4	14 − 5
19 − 10	10 − 7	10 − 5	10 − 7
19 − 1	15 − 1	10 − 5	20 − 6
14 − 7	18 − 1	16 − 10	16 − 10

Name _____ Score /20

Subtraction (66)

$$12 - 0 =$$

$$18 - 10 =$$

$$19 - 4 =$$

$$16 - 7 =$$

$$19 - 1 =$$

$$18 - 5 =$$

$$12 - 0 =$$

$$19 - 7 =$$

$$19 - 10 =$$

$$16 - 4 =$$

$$20 - 10 =$$

$$10 - 9 =$$

$$19 - 3 =$$

$$15 - 8 =$$

$$10 - 6 =$$

$$11 - 0 =$$

$$20 - 0 =$$

$$16 - 1 =$$

$$16 - 9 =$$

$$10 - 5 =$$

Name _____ Score /20

Subtraction (67)

| 20 − 5 | 17 − 10 | 12 − 1 | 12 − 9 |

| 11 − 10 | 18 − 6 | 12 − 6 | 10 − 6 |

| 13 − 6 | 13 − 0 | 14 − 1 | 16 − 5 |

| 13 − 8 | 15 − 7 | 20 − 8 | 20 − 0 |

| 11 − 6 | 14 − 8 | 12 − 9 | 17 − 9 |

Name _____ Score /20

Subtraction (68)

```
  13         10         11         16
-  8       - 10       - 10       -  3
____       ____       ____       ____


  14         16         18         14
-  5       -  0       -  9       -  6
____       ____       ____       ____


  12         19         19         17
- 10       -  9       -  8       -  4
____       ____       ____       ____


  15         17         15         18
-  7       -  6       -  9       -  3
____       ____       ____       ____


  11         12         19         18
- 10       -  0       -  0       -  7
____       ____       ____       ____
```

Name _____ Score /20

Subtraction (69)

19 - 6	12 - 4	10 - 8	17 - 0
12 - 6	11 - 6	14 - 5	11 - 9
11 - 6	16 - 3	16 - 7	17 - 5
17 - 2	14 - 6	14 - 4	16 - 6
15 - 7	14 - 6	14 - 2	16 - 3

Name _____   Score /20

Subtraction (70)

```
  18        18        12        19
-  4      -  4      - 10      -  6
____      ____      ____      ____


  14        18        13        19
-  2      -  0      -  3      -  0
____      ____      ____      ____


  12        17        12        16
-  8      -  9      -  0      -  4
____      ____      ____      ____


  18        13        16        18
-  9      -  3      -  4      -  1
____      ____      ____      ____


  19        19        19        12
-  6      -  1      -  7      -  9
____      ____      ____      ____
```

Name _____ Score /20

Subtraction (71)

| 12 | 14 | 15 | 18 |
| - 3 | - 4 | - 6 | - 4 |

| 11 | 19 | 14 | 19 |
| - 7 | - 0 | - 3 | - 1 |

| 15 | 13 | 14 | 19 |
| - 6 | - 5 | - 2 | - 10 |

| 17 | 17 | 19 | 14 |
| - 4 | - 7 | - 10 | - 5 |

| 15 | 11 | 14 | 15 |
| - 8 | - 8 | - 0 | - 6 |

Name _____   Score /20

Subtraction (72)

```
  18        14        18        13
-  7      -  2      -  3      -  9
____      ____      ____      ____


  16        16        17        10
-  0      -  4      - 10      -  3
____      ____      ____      ____


  19        11        14        18
-  6      -  2      -  9      -  9
____      ____      ____      ____


  10        14        17        19
-  6      -  7      -  8      - 10
____      ____      ____      ____


  14        10        20        10
- 10      -  6      -  0      -  7
____      ____      ____      ____
```

Name _____   Score /20

Subtraction (73)

17 - 7 =	11 - 6 =	13 - 7 =	18 - 0 =
16 - 3 =	11 - 7 =	14 - 8 =	15 - 0 =
13 - 10 =	20 - 6 =	17 - 6 =	11 - 9 =
12 - 6 =	11 - 4 =	16 - 9 =	12 - 10 =
10 - 4 =	14 - 4 =	15 - 1 =	17 - 9 =

Name _____ Score /20

Subtraction (74)

16 − 9	14 − 1	12 − 3	17 − 9
14 − 5	20 − 8	16 − 10	11 − 0
11 − 3	16 − 3	13 − 3	19 − 2
16 − 4	10 − 10	10 − 6	17 − 7
14 − 6	17 − 5	13 − 6	18 − 7

Name _____   Score /20

Subtraction (75)

| 13 - 4 | 11 - 4 | 16 - 10 | 11 - 10 |

| 19 - 2 | 11 - 7 | 16 - 3 | 14 - 2 |

| 12 - 2 | 15 - 4 | 15 - 3 | 18 - 6 |

| 16 - 3 | 14 - 0 | 14 - 1 | 10 - 2 |

| 16 - 1 | 20 - 0 | 18 - 5 | 11 - 8 |

Name _____   Score /20

Subtraction (76)

18 - 4 =	12 - 1 =	10 - 5 =	15 - 4 =
11 - 6 =	16 - 2 =	18 - 7 =	17 - 4 =
10 - 5 =	19 - 8 =	14 - 1 =	13 - 9 =
19 - 3 =	18 - 10 =	16 - 10 =	12 - 7 =
13 - 0 =	17 - 0 =	16 - 2 =	19 - 9 =

Name _____   Score /20

Subtraction (77)

| 19 - 3 = | 16 - 7 = | 16 - 3 = | 15 - 7 = |

| 20 - 7 = | 11 - 9 = | 15 - 4 = | 15 - 2 = |

| 15 - 1 = | 10 - 2 = | 19 - 2 = | 11 - 8 = |

| 17 - 3 = | 19 - 7 = | 15 - 5 = | 15 - 3 = |

| 20 - 1 = | 16 - 4 = | 13 - 6 = | 11 - 1 = |

Name _____ Score /20

Subtraction (78)

10	17	16	16
− 10	− 6	− 0	− 0

17	19	10	17
− 8	− 3	− 6	− 3

17	11	17	15
− 6	− 0	− 4	− 4

13	12	10	11
− 8	− 4	− 3	− 5

10	20	16	17
− 10	− 4	− 4	− 0

Name _____   Score /20

Subtraction (79)

| 11 − 3 | 12 − 0 | 14 − 6 | 15 − 10 |

| 20 − 5 | 16 − 4 | 12 − 4 | 16 − 0 |

| 14 − 9 | 14 − 8 | 19 − 3 | 11 − 10 |

| 20 − 8 | 10 − 0 | 16 − 2 | 12 − 8 |

| 16 − 10 | 13 − 5 | 14 − 5 | 16 − 1 |

Name _____ Score /20

Subtraction (80)

```
  13        16        16        15
-  8      -  1      -  6      -  5
____      ____      ____      ____


  11        18        10        13
-  6      -  7      -  7      -  9
____      ____      ____      ____


  18        13        12        16
-  6      -  3      -  2      -  0
____      ____      ____      ____


  18        13        13        16
-  5      -  1      -  2      -  1
____      ____      ____      ____


  13        10        15        14
-  4      -  8      -  4      - 10
____      ____      ____      ____
```

Adding and Subtracting

Name _____ Score /20

Addition and Subtraction (81)

```
  15          13          15          18
-  6        +  2        -  8        +  3
____        ____        ____        ____


  13          12          15          10
- 10        +  0        -  0        +  9
____        ____        ____        ____


  20          12          16          16
-  4        +  3        -  0        +  7
____        ____        ____        ____


  13          19          12          12
-  2        +  8        -  0        +  2
____        ____        ____        ____


  20          19          13          12
-  2        +  5        -  3        +  7
____        ____        ____        ____
```

Name _____ Score /20

Addition and Subtraction (82)

```
  17        18        20        17
-  0      +  9      -  0      +  6
____      ____      ____      ____


  17        14        12        16
-  9      +  8      -  0      +  3
____      ____      ____      ____


  17        12        16        19
-  4      +  4      -  2      +  5
____      ____      ____      ____


  18        12        12        16
- 10      +  8      -  3      +  7
____      ____      ____      ____


  13        19        20        15
-  4      +  9      -  0      +  6
____      ____      ____      ____
```

Name _____   Score ___/20

Addition and Subtraction (83)

15	13	16	16
− 9	+ 9	− 6	+ 10

16	15	13	14
− 3	+ 10	− 0	+ 5

10	18	16	17
− 2	+ 7	− 4	+ 7

13	19	16	12
− 5	+ 7	− 5	+ 9

15	15	17	16
− 3	+ 1	− 3	+ 3

Name _____   Score /20

Addition and Subtraction (84)

16 − 5	19 + 4	10 − 10	14 + 2
12 − 3	10 + 8	13 − 7	18 + 0
20 − 6	10 + 6	13 − 1	10 + 6
15 − 10	15 + 5	13 − 8	12 + 4
17 − 7	19 + 10	17 − 7	13 + 5

Name _____   Score /20

Addition and Subtraction (85)

```
   12          11          20          18
-  10       +   5       -  10       +   8
_____       _____       _____       _____


   15          14          10          10
-   8       +   4       -   6       +   4
_____       _____       _____       _____


   16          10          11          12
-   3       +  10       -   7       +   9
_____       _____       _____       _____


   17          19          10          18
-   3       +   4       -   1       +   1
_____       _____       _____       _____


   10          20          10          18
-   5       +   0       -   2       +   9
_____       _____       _____       _____
```

Name _____ Score /20

Addition and Subtraction (86)

11 − 8 =
20 + 2 =
15 − 4 =
10 + 9 =

18 − 1 =
14 + 2 =
13 − 9 =
18 + 1 =

10 − 3 =
11 + 9 =
11 − 10 =
20 + 0 =

10 − 2 =
15 + 5 =
11 − 9 =
15 + 9 =

15 − 3 =
19 + 8 =
20 − 7 =
10 + 9 =

Name _____   Score /20

Addition and Subtraction (87)

```
  15         17         14         15
-  6       +  9       -  6       +  5
____       ____       ____       ____


  17         20         20         19
-  4       +  6       -  9       +  1
____       ____       ____       ____


  20         11         17         10
-  5       +  3       -  6       +  8
____       ____       ____       ____


  10         16         20         20
-  8       +  4       -  7       + 10
____       ____       ____       ____


  13         12         11         20
-  3       +  8       -  4       +  8
____       ____       ____       ____
```

Name _____   Score /20

Addition and Subtraction (88)

18 − 7 =	14 + 5 =	11 − 1 =	20 + 5 =
17 − 5 =	16 + 9 =	12 − 0 =	20 + 2 =
20 − 9 =	20 + 5 =	20 − 10 =	10 + 2 =
18 − 2 =	20 + 0 =	15 − 7 =	13 + 5 =
15 − 8 =	10 + 2 =	10 − 5 =	19 + 8 =

Name _____   Score /20

Addition and Subtraction (89)

```
  14        14        10        17
-  7      +  9      -  1      +  7
____      ____      ____      ____


  20        15        10        12
-  0      +  7      - 10      +  7
____      ____      ____      ____


  14        20        13        14
-  0      +  1      -  7      +  1
____      ____      ____      ____


  10        15        13        20
-  9      +  5      -  3      +  2
____      ____      ____      ____


  18        17        10        17
-  7      +  6      -  5      +  0
____      ____      ____      ____
```

Name _____   Score /20

Addition and Subtraction (90)

```
  13        18        20        16
-  6      + 10      -  7      +  9
____      ____      ____      ____


  12        20        17        12
-  0      +  9      -  2      +  1
____      ____      ____      ____


  18        10        15        12
-  6      + 10      -  4      +  1
____      ____      ____      ____


  20        16        13        11
-  6      + 10      -  1      +  5
____      ____      ____      ____


  16        10        17        20
-  3      +  6      -  1      +  4
____      ____      ____      ____
```

Name _____   Score /20

Addition and Subtraction (91)

19 − 5 =	17 + 4 =	20 − 1 =	20 + 4 =
15 − 6 =	18 + 4 =	13 − 7 =	15 + 3 =
13 − 10 =	11 + 9 =	19 − 8 =	14 + 8 =
17 − 5 =	13 + 8 =	15 − 9 =	15 + 2 =
20 − 2 =	16 + 5 =	12 − 8 =	13 + 7 =

Name _____ Score /20

Addition and Subtraction (92)

11 − 6 =	16 + 2 =	18 − 3 =	18 + 3 =
14 − 5 =	12 + 4 =	19 − 4 =	10 + 8 =
19 − 9 =	12 + 3 =	19 − 7 =	11 + 9 =
19 − 1 =	17 + 1 =	18 − 5 =	17 + 10 =
19 − 7 =	12 + 8 =	20 − 9 =	12 + 10 =

Name _____   Score /20

Addition and Subtraction (93)

$$15 - 1 =$$

$$11 + 1 =$$

$$20 - 10 =$$

$$11 + 0 =$$

$$20 - 2 =$$

$$11 + 4 =$$

$$20 - 5 =$$

$$12 + 4 =$$

$$18 - 5 =$$

$$13 + 0 =$$

$$19 - 4 =$$

$$16 + 1 =$$

$$13 - 4 =$$

$$20 + 2 =$$

$$18 - 10 =$$

$$18 + 6 =$$

$$15 - 6 =$$

$$10 + 1 =$$

$$12 - 2 =$$

$$12 + 3 =$$

Name _____   Score /20

Addition and Subtraction (94)

```
  18         13         12         13
-  6       +  0       -  1       +  0
____       ____       ____       ____


  11         12         20         17
-  3       +  0       -  4       +  9
____       ____       ____       ____


  13         10         18         19
-  4       +  7       -  3       +  2
____       ____       ____       ____


  10         14         11         15
-  4       +  5       -  9       +  4
____       ____       ____       ____


  14         15         12         12
-  8       +  1       - 10       +  8
____       ____       ____       ____
```

Name _____   Score /20

Addition and Subtraction (95)

```
   12          13          14          15
 -  9        +  3        -  3        +  7
 ____        ____        ____        ____


   14          10          12          20
 -  0        +  8        -  6        +  4
 ____        ____        ____        ____


   10          13          15          19
 -  9        +  1        -  1        +  9
 ____        ____        ____        ____


   11          12          15          19
 - 10        +  3        -  2        + 10
 ____        ____        ____        ____


   13          16          10          12
 -  1        +  7        - 10        +  0
 ____        ____        ____        ____
```

Name _____ Score /20

Addition and Subtraction (96)

$$\begin{array}{r}17\\-0\\\hline\end{array}\qquad\begin{array}{r}18\\+0\\\hline\end{array}\qquad\begin{array}{r}14\\-4\\\hline\end{array}\qquad\begin{array}{r}11\\+4\\\hline\end{array}$$

$$\begin{array}{r}11\\-5\\\hline\end{array}\qquad\begin{array}{r}12\\+8\\\hline\end{array}\qquad\begin{array}{r}14\\-7\\\hline\end{array}\qquad\begin{array}{r}10\\+2\\\hline\end{array}$$

$$\begin{array}{r}19\\-3\\\hline\end{array}\qquad\begin{array}{r}13\\+8\\\hline\end{array}\qquad\begin{array}{r}19\\-5\\\hline\end{array}\qquad\begin{array}{r}20\\+10\\\hline\end{array}$$

$$\begin{array}{r}10\\-9\\\hline\end{array}\qquad\begin{array}{r}14\\+6\\\hline\end{array}\qquad\begin{array}{r}11\\-5\\\hline\end{array}\qquad\begin{array}{r}14\\+8\\\hline\end{array}$$

$$\begin{array}{r}16\\-10\\\hline\end{array}\qquad\begin{array}{r}16\\+1\\\hline\end{array}\qquad\begin{array}{r}12\\-3\\\hline\end{array}\qquad\begin{array}{r}17\\+7\\\hline\end{array}$$

Name _____ Score /20

Addition and Subtraction (97)

```
   11          14          11          11
-   2       +   2       -   6       +   0
_____      _____      _____      _____


   19          15          17          14
-   1       +   5       -   9       +   5
_____      _____      _____      _____


   10          12          18          17
-   5       +   9       -   7       +   1
_____      _____      _____      _____


   16          15          13          12
-  10       +   3       -  10       +   0
_____      _____      _____      _____


   15          16          17          20
-   6       +   5       -   9       +   8
_____      _____      _____      _____
```

Name _____   Score /20

Addition and Subtraction (98)

11 − 8 =	20 + 3 =	20 − 8 =	10 + 10 =
13 − 7 =	16 + 6 =	19 − 7 =	16 + 9 =
18 − 6 =	14 + 8 =	12 − 8 =	20 + 8 =
15 − 0 =	19 + 1 =	14 − 8 =	12 + 10 =
19 − 2 =	19 + 1 =	15 − 7 =	16 + 2 =

Name _____   Score /20

Addition and Subtraction (99)

```
   10        20        16        12
-   5     +   6     -   3     +   5
_____    _____    _____    _____


   16        17        13        14
-   2     +   7     -   8     +   0
_____    _____    _____    _____


   14        16        15        11
-   7     +   3     -   6     +  10
_____    _____    _____    _____


   18        13        11        13
-   3     +   5     -   5     +   8
_____    _____    _____    _____


   16        16        17        13
-   4     +   1     -   5     +   0
_____    _____    _____    _____
```

Name _____   Score /20

Addition and Subtraction (100)

$$\begin{array}{r}17\\-6\\\hline\end{array}\qquad\begin{array}{r}13\\+8\\\hline\end{array}\qquad\begin{array}{r}20\\-7\\\hline\end{array}\qquad\begin{array}{r}20\\+0\\\hline\end{array}$$

$$\begin{array}{r}20\\-1\\\hline\end{array}\qquad\begin{array}{r}15\\+2\\\hline\end{array}\qquad\begin{array}{r}11\\-5\\\hline\end{array}\qquad\begin{array}{r}17\\+1\\\hline\end{array}$$

$$\begin{array}{r}12\\-1\\\hline\end{array}\qquad\begin{array}{r}12\\+6\\\hline\end{array}\qquad\begin{array}{r}19\\-6\\\hline\end{array}\qquad\begin{array}{r}14\\+1\\\hline\end{array}$$

$$\begin{array}{r}18\\-3\\\hline\end{array}\qquad\begin{array}{r}10\\+6\\\hline\end{array}\qquad\begin{array}{r}19\\-10\\\hline\end{array}\qquad\begin{array}{r}16\\+2\\\hline\end{array}$$

$$\begin{array}{r}12\\-1\\\hline\end{array}\qquad\begin{array}{r}15\\+4\\\hline\end{array}\qquad\begin{array}{r}16\\-7\\\hline\end{array}\qquad\begin{array}{r}18\\+10\\\hline\end{array}$$

Answer key

Adding Digits 0-5

Addition (01)
row 1	4	2	6	5
row 2	0	6	1	5
row 3	8	3	1	6
row 4	5	4	3	1
row 5	7	7	6	4

Addition (02)
row 1	1	7	5	1
row 2	7	8	3	6
row 3	6	0	2	0
row 4	5	8	4	7
row 5	4	8	9	5

Addition (03)
row 1	5	3	6	7
row 2	6	4	3	2
row 3	5	2	7	6
row 4	1	4	4	3
row 5	6	8	5	3

Addition (04)
row 1	7	4	9	6
row 2	3	5	4	6
row 3	5	5	1	1
row 4	6	4	6	6
row 5	5	8	8	6

Addition (05)
row 1	4	4	1	5
row 2	4	4	9	3
row 3	4	2	4	9
row 4	7	0	6	3
row 5	6	6	0	4

Addition (06)
row 1	1	8	8	6
row 2	4	4	4	6
row 3	9	5	5	7
row 4	4	5	4	5
row 5	9	1	5	4

Addition (07)
row 1	5	4	4	6
row 2	8	5	3	5
row 3	2	4	8	5
row 4	4	6	4	8
row 5	6	8	4	9

Addition (08)
row 1	8	1	2	2
row 2	5	4	7	3
row 3	3	7	9	2
row 4	4	7	5	7
row 5	5	3	7	4

Adding Digits 0-7

Addition (09)
row 1	7	12	5	7
row 2	1	7	9	3
row 3	4	10	6	11
row 4	5	4	3	5
row 5	1	8	11	13

Addition (10)
row 1	11	5	6	8
row 2	7	10	6	9
row 3	5	10	8	7
row 4	7	3	4	4
row 5	2	8	13	4

Addition (11)
row 1	11	9	5	7
row 2	6	8	2	8
row 3	2	0	7	6
row 4	3	8	6	6
row 5	7	5	4	11

Addition (12)
row 1	5	9	8	8
row 2	6	9	7	5
row 3	13	8	6	9
row 4	12	1	12	8
row 5	6	2	13	10

Addition (13)
row 1	8	9	1	6
row 2	7	5	0	8
row 3	7	7	4	7
row 4	10	4	9	1
row 5	7	7	7	9

Addition (14)
row 1	4	6	2	5
row 2	6	5	10	6
row 3	12	13	10	12
row 4	12	5	3	0
row 5	6	2	6	10

Addition (15)
row 1	9	8	7	8
row 2	8	6	7	9
row 3	8	10	6	12
row 4	8	11	8	4
row 5	9	10	8	10

Addition (16)
row 1	5	4	3	9
row 2	6	4	9	13
row 3	0	5	11	10
row 4	13	2	11	11
row 5	7	7	6	10

Adding Digits 0-10

Addition (17)

row 1	8	16	17	7
row 2	9	8	6	8
row 3	6	12	11	12
row 4	7	2	4	11
row 5	13	7	4	14

Addition (18)

row 1	0	9	4	8
row 2	14	10	13	0
row 3	13	10	12	10
row 4	7	11	15	5
row 5	7	10	9	15

Addition (19)

row 1	6	12	13	13
row 2	17	12	11	2
row 3	8	2	11	10
row 4	5	9	9	16
row 5	19	11	14	17

Addition (20)

row 1	15	13	2	16
row 2	3	9	15	12
row 3	14	15	12	12
row 4	9	7	11	3
row 5	11	6	5	10

Addition (21)

row 1	10	5	12	14
row 2	12	16	15	12
row 3	7	15	14	6
row 4	1	5	12	13
row 5	9	8	15	11

Addition (22)

row 1	11	16	1	14
row 2	13	11	8	11
row 3	9	9	9	16
row 4	6	10	9	5
row 5	12	13	9	9

Addition (23)

row 1	11	7	7	12
row 2	6	2	7	4
row 3	14	8	9	1
row 4	10	11	5	1
row 5	10	9	8	2

Addition (24)

row 1	4	10	12	2
row 2	6	12	9	2
row 3	2	11	15	6
row 4	14	13	10	13
row 5	8	6	13	9

Addition (25)

row 1	13	8	20	16
row 2	9	8	11	17
row 3	11	8	11	7
row 4	12	3	10	6
row 5	6	4	8	17

Addition (26)

row 1	8	11	3	4
row 2	7	14	10	10
row 3	14	10	16	11
row 4	19	14	0	16
row 5	16	14	14	4

Addition (27)

row 1	7	11	15	10
row 2	11	7	5	2
row 3	6	13	6	13
row 4	8	11	10	10
row 5	4	8	16	10

Addition (28)

row 1	4	7	12	6
row 2	11	14	7	5
row 3	18	18	4	13
row 4	3	15	17	9
row 5	6	12	16	10

Addition (29)

row 1	5	17	14	11
row 2	12	6	11	9
row 3	10	13	12	9
row 4	17	4	10	2
row 5	7	8	9	13

Addition (30)

row 1	8	5	17	11
row 2	6	12	1	13
row 3	10	10	10	18
row 4	6	7	7	6
row 5	13	11	10	1

Addition (31)

row 1	11	15	9	6
row 2	7	10	12	19
row 3	13	16	5	7
row 4	16	9	14	8
row 5	10	14	6	11

Addition (32)

row 1	10	8	15	16
row 2	10	3	18	11
row 3	13	8	5	5
row 4	9	18	5	10
row 5	12	7	10	11

Addition (33)

row 1	16	11	8	7
row 2	15	11	10	7
row 3	8	10	16	6
row 4	11	10	16	7
row 5	14	3	4	13

Addition (34)

row 1	0	9	9	1
row 2	17	16	9	14
row 3	8	14	5	6
row 4	5	3	12	10
row 5	14	7	16	8

Addition (35)

row 1	9	13	5	2
row 2	9	6	2	10
row 3	12	14	7	13
row 4	8	8	17	2
row 5	14	6	2	10

Addition (36)

row 1	8	12	5	10
row 2	6	13	9	11
row 3	16	15	3	14
row 4	2	11	10	4
row 5	13	1	1	14

Addition (37)

row 1	12	17	11	13
row 2	12	7	16	11
row 3	17	8	11	18
row 4	12	5	10	15
row 5	13	4	7	6

Addition (38)

row 1	8	6	11	9
row 2	2	15	13	1
row 3	9	13	0	10
row 4	4	13	6	3
row 5	12	9	10	12

Addition (39)

row 1	5	10	9	14
row 2	5	7	14	7
row 3	12	9	16	12
row 4	6	14	17	11
row 5	17	16	16	11

Addition (40)

row 1	8	11	4	5
row 2	10	12	17	18
row 3	10	7	12	2
row 4	10	14	8	11
row 5	13	4	0	10

Subtracting Digits 0-10

Subtraction (41)
row 1	7	0	3	5
row 2	3	8	1	5
row 3	8	6	7	5
row 4	4	0	9	6
row 5	6	4	6	6

Subtraction (42)
row 1	8	3	1	4
row 2	8	4	1	4
row 3	9	2	9	7
row 4	4	5	6	4
row 5	10	7	3	2

Subtraction (43)
row 1	10	2	7	4
row 2	6	1	8	4
row 3	4	7	4	9
row 4	6	4	2	9
row 5	2	3	4	2

Subtraction (44)
row 1	7	6	8	6
row 2	6	4	3	3
row 3	6	1	2	6
row 4	2	4	1	2
row 5	10	6	6	6

Subtraction (45)
row 1	3	7	3	6
row 2	6	3	4	5
row 3	9	8	7	2
row 4	5	5	3	4
row 5	3	8	4	2

Subtraction (46)
row 1	6	3	1	8
row 2	4	6	4	2
row 3	6	6	3	6
row 4	10	5	2	5
row 5	1	10	3	3

Subtraction (47)
row 1	5	7	7	6
row 2	5	5	5	4
row 3	4	5	6	3
row 4	8	1	4	2
row 5	3	1	6	4

Subtraction (48)
row 1	2	6	4	5
row 2	5	2	8	4
row 3	3	5	7	2
row 4	7	6	5	3
row 5	6	3	7	9

Subtracting Digits 10-20

Subtraction (49)
row 1	5	4	5	4
row 2	3	1	0	5
row 3	8	5	7	6
row 4	5	3	10	5
row 5	5	9	2	3

Subtraction (50)
row 1	6	10	10	1
row 2	0	8	3	6
row 3	2	7	7	7
row 4	6	1	4	6
row 5	8	10	4	5

Subtraction (51)
row 1	5	8	8	6
row 2	5	1	2	2
row 3	5	3	5	5
row 4	2	4	7	5
row 5	5	9	7	9

Subtraction (52)
row 1	9	5	6	4
row 2	5	4	5	8
row 3	6	5	4	8
row 4	2	5	10	6
row 5	1	5	1	6

Subtraction (53)
row 1	2	3	4	2
row 2	5	6	5	4
row 3	5	6	3	6
row 4	6	6	1	6
row 5	5	10	10	3

Subtraction (54)
row 1	1	5	3	1
row 2	5	6	2	4
row 3	9	6	9	8
row 4	1	7	4	3
row 5	4	5	5	1

Subtraction (55)
row 1	3	4	7	2
row 2	7	8	5	2
row 3	2	1	7	6
row 4	0	2	1	6
row 5	4	5	8	4

Subtraction (56)
row 1	4	9	6	6
row 2	6	2	6	6
row 3	5	7	8	4
row 4	4	9	5	5
row 5	6	5	6	9

Subtraction (57)
row 1	6	5	10	7
row 2	8	4	7	6
row 3	2	5	8	0
row 4	4	6	1	8
row 5	5	1	7	3

Subtraction (58)
row 1	7	6	3	4
row 2	8	4	5	6
row 3	8	5	6	3
row 4	4	3	9	9
row 5	2	2	3	4

Subtraction (59)
row 1	4	9	9	6
row 2	4	4	8	6
row 3	5	7	3	3
row 4	7	3	7	7
row 5	5	8	4	7

Subtraction (60)
row 1	5	7	6	6
row 2	4	5	6	2
row 3	7	6	6	3
row 4	5	9	2	6
row 5	4	8	7	9

Subtracting Digits 0-20

Subtraction (61)
row 1	17	11	8	8
row 2	11	18	17	7
row 3	4	12	9	7
row 4	6	11	13	5
row 5	12	14	3	11

Subtraction (62)
row 1	5	2	5	10
row 2	11	10	11	7
row 3	18	12	6	7
row 4	2	17	14	5
row 5	12	12	9	15

Subtraction (63)
row 1	4	12	2	3
row 2	8	6	9	12
row 3	13	16	12	20
row 4	20	12	4	10
row 5	10	16	19	6

Subtraction (64)
row 1	6	11	9	5
row 2	9	10	8	14
row 3	12	2	13	13
row 4	8	12	8	16
row 5	11	6	10	12

Subtraction (65)
row 1	10	3	4	5
row 2	11	14	8	9
row 3	9	3	5	3
row 4	18	14	5	14
row 5	7	17	6	6

Subtraction (66)
row 1	12	8	15	9
row 2	18	13	12	12
row 3	9	12	10	1
row 4	16	7	4	11
row 5	20	15	7	5

Subtraction (67)
row 1	15	7	11	3
row 2	1	12	6	4
row 3	7	13	13	11
row 4	5	8	12	20
row 5	5	6	3	8

Subtraction (68)
row 1	5	0	1	13
row 2	9	16	9	8
row 3	2	10	11	13
row 4	8	11	6	15
row 5	1	12	19	11

Subtraction (69)
row 1	13	8	2	17
row 2	6	5	9	2
row 3	5	13	9	12
row 4	15	8	10	10
row 5	8	8	12	13

Subtraction (70)
row 1	14	14	2	13
row 2	12	18	10	19
row 3	4	8	12	12
row 4	9	10	12	17
row 5	13	18	12	3

Subtraction (71)
row 1	9	10	9	14
row 2	4	19	11	18
row 3	9	8	12	9
row 4	13	10	9	9
row 5	7	3	14	9

Subtraction (72)
row 1	11	12	15	4
row 2	16	12	7	7
row 3	13	9	5	9
row 4	4	7	9	9
row 5	4	4	20	3

Subtraction (73)
row 1	10	5	6	18
row 2	13	4	6	15
row 3	3	14	11	2
row 4	6	7	7	2
row 5	6	10	14	8

Subtraction (74)
row 1	7	13	9	8
row 2	9	12	6	11
row 3	8	13	10	17
row 4	12	0	4	10
row 5	8	12	7	11

Subtraction (75)
row 1	9	7	6	1
row 2	17	4	13	12
row 3	10	11	12	12
row 4	13	14	13	8
row 5	15	20	13	3

Subtraction (76)
row 1	14	11	5	11
row 2	5	14	11	13
row 3	5	11	13	4
row 4	16	8	6	5
row 5	13	17	14	10

Subtraction (77)
row 1	16	9	13	8
row 2	13	2	11	13
row 3	14	8	17	3
row 4	14	12	10	12
row 5	19	12	7	10

Subtraction (78)
row 1	0	11	16	16
row 2	9	16	4	14
row 3	11	11	13	11
row 4	5	8	7	6
row 5	0	16	12	17

Subtraction (79)
row 1	8	12	8	5
row 2	15	12	8	16
row 3	5	6	16	1
row 4	12	10	14	4
row 5	6	8	9	15

Subtraction (80)
row 1	5	15	10	10
row 2	5	11	3	4
row 3	12	10	10	16
row 4	13	12	11	15
row 5	9	2	11	4

Adding and Subtracting

Addition and Subtraction (81)
row 1	9	15	7	21
row 2	3	12	15	19
row 3	16	15	16	23
row 4	11	27	12	14
row 5	18	24	10	19

Addition and Subtraction (82)
row 1	17	27	20	23
row 2	8	22	12	19
row 3	13	16	14	24
row 4	8	20	9	23
row 5	9	28	20	21

Addition and Subtraction (83)
row 1	6	22	10	26
row 2	13	25	13	19
row 3	8	25	12	24
row 4	8	26	11	21
row 5	12	16	14	19

Addition and Subtraction (84)
row 1	11	23	0	16
row 2	9	18	6	18
row 3	14	16	12	16
row 4	5	20	5	16
row 5	10	29	10	18

Addition and Subtraction (85)
row 1	2	16	10	26
row 2	7	18	4	14
row 3	13	20	4	21
row 4	14	23	9	19
row 5	5	20	8	27

Addition and Subtraction (86)
row 1	3	22	11	19
row 2	17	16	4	19
row 3	7	20	1	20
row 4	8	20	2	24
row 5	12	27	13	19

Addition and Subtraction (87)
row 1	9	26	8	20
row 2	13	26	11	20
row 3	15	14	11	18
row 4	2	20	13	30
row 5	10	20	7	28

Addition and Subtraction (88)
row 1	11	19	10	25
row 2	12	25	12	22
row 3	11	25	10	12
row 4	16	20	8	18
row 5	7	12	5	27

Addition and Subtraction (89)
row 1	7	23	9	24
row 2	20	22	0	19
row 3	14	21	6	15
row 4	1	20	10	22
row 5	11	23	5	17

Addition and Subtraction (90)
row 1	7	28	13	25
row 2	12	29	15	13
row 3	12	20	11	13
row 4	14	26	12	16
row 5	13	16	16	24

Addition and Subtraction (91)
row 1	14	21	19	24
row 2	9	22	6	18
row 3	3	20	11	22
row 4	12	21	6	17
row 5	18	21	4	20

Addition and Subtraction (92)
row 1	5	18	15	21
row 2	9	16	15	18
row 3	10	15	12	20
row 4	18	18	13	27
row 5	12	20	11	22

Addition and Subtraction (93)
row 1	14	12	10	11
row 2	18	15	15	16
row 3	13	13	15	17
row 4	9	22	8	24
row 5	9	11	10	15

Addition and Subtraction (94)
row 1	12	13	11	13
row 2	8	12	16	26
row 3	9	17	15	21
row 4	6	19	2	19
row 5	6	16	2	20

Addition and Subtraction (95)
row 1	3	16	11	22
row 2	14	18	6	24
row 3	1	14	14	28
row 4	1	15	13	29
row 5	12	23	0	12

Addition and Subtraction (96)
row 1	17	18	10	15
row 2	6	20	7	12
row 3	16	21	14	30
row 4	1	20	6	22
row 5	6	17	9	24

Addition and Subtraction (97)
row 1	9	16	5	11
row 2	18	20	8	19
row 3	5	21	11	18
row 4	6	18	3	12
row 5	9	21	8	28

Addition and Subtraction (98)
row 1	3	23	12	20
row 2	6	22	12	25
row 3	12	22	4	28
row 4	15	20	6	22
row 5	17	20	8	18

Addition and Subtraction (99)
row 1	5	26	13	17
row 2	14	24	5	14
row 3	7	19	9	21
row 4	15	18	6	21
row 5	12	17	12	13

Addition and Subtraction (100)
row 1	11	21	13	20
row 2	19	17	6	18
row 3	11	18	13	15
row 4	15	16	9	18
row 5	11	19	9	28